孙亚飞·著
钟钟插画工作室－张九尘·绘

化学元素魔法课

元素的毒性魔法

天地出版社
TIANDI PRESS

图书在版编目(CIP)数据

化学元素魔法课. 元素的毒性魔法 / 孙亚飞著. —
成都: 天地出版社, 2023.11 (2024.7重印)
ISBN 978-7-5455-7960-4

Ⅰ. ①化… Ⅱ. ①孙… Ⅲ. ①化学元素–青少年读物
Ⅳ. ①O611-49

中国国家版本馆CIP数据核字(2023)第181868号

HUAXUE YUANSU MOFAKE · YUANSU DE DUXING MOFA

化学元素魔法课·元素的毒性魔法

出 品 人	杨　政	责任校对	卢　霞
作　　者	孙亚飞	装帧设计	刘黎炜
绘　　者	钟钟插画工作室-张九尘	营销编辑	魏　武
总 策 划	陈　德	责任印制	高丽娟
策划编辑	王加蕊		
责任编辑	王加蕊　沈欣悦		

出版发行　天地出版社
　　　　　(成都市锦江区三色路238号　邮政编码:610023)
　　　　　(北京市方庄芳群园3区3号　邮政编码:100078)
网　　址　http://www.tiandiph.com
电子邮箱　tianditg@163.com
总 经 销　新华文轩出版传媒股份有限公司

印　　刷　北京雅图新世纪印刷科技有限公司
版　　次　2023年11月第1版
印　　次　2024年7月第3次印刷
开　　本　787mm×1092mm　1/16
印　　张　5.25
字　　数　100千字
定　　价　30.00元
书　　号　ISBN 978-7-5455-7960-4

我们生活的这个世界是由物质构成的。

无论吃饭、睡觉，还是读书、工作，我们都离不开各种物质的帮助。那些制作餐具用的陶瓷、制作床用的木头、制作书籍用的纸张、制作电脑用的半导体，都是各式各样的物质。它们的种类太多，多到实在数不清。

很久很久以前，人们就已经注意到这个事情。他们想不通，为什么物质世界会如此多彩，如此复杂。这时候，有些人想到，很多物质可以互相转变，比如，铁会变成铁锈，木头燃烧之后会变成灰烬。既然这样，会不会所有物质的源头都是一样的呢？这个源头就像是大树的树根一样，而大树不停地生长，变得枝繁叶茂。这棵大树的每一片叶子、每一根树枝都代表了一种物质。

最初提出这个想法的是一位名叫泰勒斯的哲学家，他生活在大约2600年前的古希腊。泰勒斯认为世界万物的本源就是水。为什么这么说呢？他讲出了自己的理由：水本是一种液体，可它会结冰变成固体，还可以化作一缕烟飘走。

现在我们都已经知道，这是水在不同温度下呈现的液、固、气三种状态。无论是水、冰还是水蒸气，水这种物质本身并没有发生变化。但是，在泰勒斯生活的那个时代，人们对于物质的结构和状态还没有足够的认识，大家都觉得泰勒斯说得挺有道理的。

有些哲学家沿着泰勒斯的思路继续探索，又在水之外找到了其他一些物质的本源。后来，亚里士多德在前人的基础上，总结出了"四大元素"理论——尽管这个说法最早是由恩培多克勒提出的，但是亚里士多德让它深入人心。

所谓"四大元素"，指的是水、火、气、土这四种"元素"（也有版本译为水、火、风、地），"元素"这个词的含义就是本质。亚里士多德认为，只要有这四种"元素"，通过不同的配比，就可以配出所有的物质。而且，他还指出这四种"元素"具有冷、热、干、湿的性质，比如，水就是冷而湿的，火就是热而干的。调配不同物质的方法就是根据这些性质推演的。

尽管用现在的眼光来看，四大元素说的原理近乎荒谬，但是放到2000多年前，"元素"的思想却是非常先进的。后来，中国的哲学家也提出了"五行"的思想，包括金、木、水、火、土五种"物质"，这也是元素理论的雏形。

在亚里士多德之后，又有很多哲学家发展了四大元素说。可是1000

多年过去了，哲学家们都未能突破这个理论的框架。水、火、气、土的说法已经深入人心，甚至影响到生活中的方方面面。

直到17世纪时，英国有一位叫波义耳的科学家，他对亚里士多德的理论有所怀疑，写下著名的《怀疑派化学家》一书，阐述了他的看法。在他看来，关于元素的定义不应该脱离实际，而是应该从物质本身出发，找出真正的本质。因此，他认为元素应该是最简单的物质，最纯粹的物质，不能分解出其他物质。

在波义耳这个思想的指导下，早期的化学家们就开始用实验论证，到底哪些物质是不可以再被分解的纯粹物质？很快，像金、银、铜、铁、汞、铅、硫等物质就被证明是不可再分解的物质，属于元素。

而在这些化学家中，有一位名叫拉瓦锡的法国科学家居功甚伟。

拉瓦锡在实验和理论方面都很有造诣。当了解到同行普里斯特利和舍勒发现了一种能够促进燃烧的气体时，他敏锐地意识到，这是一种新的元素，并且能够彻底解释自古以来困扰思想家们的燃烧问题。

这是拉瓦锡第一次论证了燃烧的氧化反应本质。氧元素的发现，重新书写了人类的物质观。拉瓦锡乘胜追击，证明了所有元素都有实体，所以任何元素都会有质量，并且各种元素在化学反应前后，总质量并不会发生变化，这就是质量守恒定律。

不过拉瓦锡还是想不明白，为什么被他列为元素的"光"和"热"却始终称不出质量。后来，他的一些后继者证明，光和热不同于我们熟悉的各种物质，关于它们是什么的讨论，一直持续到20世纪初的量子力学知识大爆炸时期。

在拉瓦锡之后，道尔顿提出"原子论"，为元素理论研究补上了最重要的一块拼图。道尔顿认为，所有元素都存在最小的微粒单元，这个微粒便是原子。同一种元素的原子相同，不同元素的原子则不相同。换句话说，元素就是对物质最小单元的一种分类。如果把原子比作人，那么元素就好比人的姓氏，把不同的人群区分开来。当我们说到氧元素的时候，它既可以代表具体的氧原子，也可以是包含所有氧原子的一个概念。

有了更为精确的区分标准，科学家对元素的理解也更加深刻。到19世纪中期，已经有60多种元素被识别出来，远远超出了亚里士多德的"四大元素"说。有趣的是，按照现代元素的标准来看，水、火、气、土这四种物质都不是元素。哪怕是最初被泰勒斯寄予厚望的水，也是由氢和氧这两种元素构成的。

可是，这么多元素，它们之间存在规律吗？这个问题又让很多的科学家好奇不已。在这些人中，门捷列夫博采众长，又经过仔细的计算，在1869年公布了研究成果——元素周期表。这是世界上第一张系统编排的元素周期表，它突出表现了元素性质周期变化的特点，这个特点也被归纳成元素周期律。

在这张元素周期表问世30多年后，包括汤姆孙、卢瑟福在内的一批科学家不仅证实了原子的存在，而且论证了原子的结构，并由此揭开了元素周期律的奥秘。

这个奥秘就藏在原子的微观结构中，更具体来说，是原子核中的质子数量。原子的质子数量决定了原子核外围电子的排列方式，进一步决定了它的化学性质。因此，当原子质子数量相同时，它们就会表现出相同的特性，这便是它们被归为同一种元素的理由。随着质子数量的变化，原子最外层的电子也会慢慢增加，等到填满8个空位后，又会继续向更外层填入。这样的排列方式，造就了伟大的元素周期律。

地球上一共有 90 多种元素。当质子数量超过 82 之后，原子就会变得不稳定，有一些原子甚至只会存在几秒钟。因此，或许有一些元素曾在地球上出现过，只是我们找不到它们的踪迹了。

至此，人类并没有放弃寻找这些元素的脚步，有一些实在找不到的，就用粒子加速器之类的设备进行制造。这些不在自然界天然存在的元素被称为"人造元素"。到现在为止，包括天然元素和人造元素，人类已经发现了 118 种元素，填满了元素周期表的前七排。在本系列图书中，我讲述了其中一些元素的故事，它们影响了我们生活的方方面面。

元素的故事尚未落幕，更多的故事还在书写中。这倒不是说我们一定要继续寻找更多的元素，而是说，我们对元素的认识依然不够。比如，我们知道铑元素是一种非常杰出的催化剂，可我们无法完全知晓它发挥作用的原理；我们知道石墨烯是碳元素的一种形式，却依然算不出在这种奇妙的分子中，电子如何相互作用。

事实上，人类自身也是由各种元素构成的。2000 多年以来，人类对元素的探索从未停下过脚步。当我们探索元素的时候，我们也在探索我们自己。也许我们永远不能揭晓元素所有的奥秘，但是，这不妨碍我们努力续写这讲不完的元素故事。

孙亚飞

目录

铁
tiě

26 号元素
第四周期第 VIII 族
相对原子质量：55.85
密度：7.86 g/cm³
熔点：1538 ℃

铁：最熟悉也最陌生的金属

熟悉的陌生人

提到铁元素，你大概会说，这没什么可讲的。因为在生活中，铁元素实在是太普遍了，锅碗瓢盆、刀枪剑戟、汽车高铁，哪儿都少不了它。而且，我们在讲别的元素时也没少提到它，对于铁，我们实在是太熟悉了。

可是，你知道吗？铁也是一种非常神秘而伟大的元素，在各种神话传说里，都少不了它的身影。

在希腊神话里，人类的历史被分成了黄金时代、白银时代、青铜时代和黑铁时代。按照这种分法，我们现在就生活在黑铁时代。希腊人认为黑铁意味着低贱，所以黑铁时代代表的就是一个堕落的时代。

不过，中国人可不这么认为。比如孙悟空手里拿的武器——如意金箍棒，它是用什么做的呢？其实并不是金子，金箍棒的两头是金箍，中间却是一段乌铁。"乌"就是黑色的意思。金箍棒可不是普通的黑铁棒，而是一根神棒，孙悟空用它降妖除魔，打遍了天下的妖魔鬼怪。

单质沸点：2861 ℃
元素类别：过渡金属
性质：常温下为银白色金属
元素应用：炼钢、人体所需
特点：易生锈

　　如果你看过金庸的武侠故事，那你肯定还会发现，在武侠世界里最好的兵器往往也都是用黑铁打造的。比方说倚天剑和屠龙刀，别的兵器碰到它们，直接就被削断了，所以谁要是拿到了倚天剑、屠龙刀，谁就天下无敌了。故事里说，这两把兵器是用玄铁打造的，这个玄铁的"玄"，也是黑色的意思。

　　所以你看，在中国传统文化里面，通体乌黑的铁实际上是一种宝贝，这又是为什么呢？

　　想要弄清楚这一点，还要从黑铁的黑色说起。

黑色是它的真面目吗？

　　纯净的铁是黑色的吗？估计很多同学都要抢答了：那肯定不是！前两册书中讲了那么多金属都是银白色的，铁应该也不例外吧！没错，铁的确也是银白色的，不过古人炼出来的铁却是黑色的。

　　古人炼铁的时候会用到木炭，黑色的炭灰夹杂在炼出来的铁里面，导致铁看起来是黑色的。再经过铁匠们的反复锤打，铁和炭灰便融合了起来，铁元素和碳元素就形成了一种合金。如果炭灰多一些，形成的合金就叫生铁；如果炭灰少一些，形成的合金就叫钢；要是炭灰几乎都没有了，形成的合金就是熟铁了。生铁看上去有点儿黑，钢和熟铁都是灰白色的。

这样说来，黑铁就是生铁吗？

并不是。生铁因为里面有很多碳元素，所以变得很硬很硬，但同时也变脆了。它要是做成武器，恐怕没打几下就断掉了，所以能制作利器的黑铁肯定不是生铁。

那么，黑铁会不会是铁的氧化物来"捣乱"才形成的呢？在锰元素那一章里，我们讲过二氧化锰是黑色的，所以它把锰金属也染成了"大黑脸"。那铁元素，会不会也是被二氧化铁染成黑色的呢？

其实二氧化铁是很少见的。生活中最常见的铁的氧化物是三氧化二铁，也就是铁锈。在火车的铁轨上，一般都覆盖着一层红棕色的物质，那就是铁

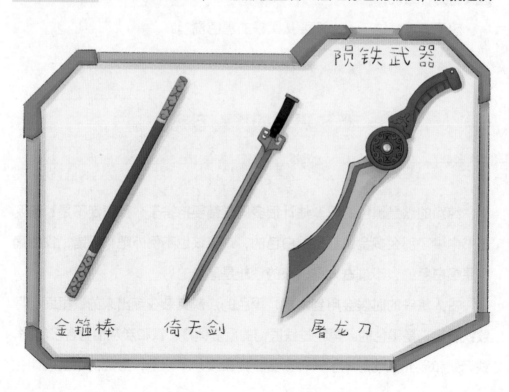

陨铁武器

金箍棒　　倚天剑　　屠龙刀

铁

锈。还有，火星之所以是红色的，也是因为表面有很多铁锈。所以，黑铁的黑色肯定也不是铁锈导致的，要是黑铁的表面全是铁锈的话，那应该叫"红铁"才对。

黑铁之谜

黑铁既不是生铁，也不是铁锈，那究竟是什么呢？

地球上经常会有很多陨石掉落，其中一种陨石含有很多铁元素，落到地上就被叫作陨铁。当陨铁降落的时候，它会和空气剧烈摩擦，导致周边温度达到上千摄氏度，所以它才会发光、发热，成为划过天际的流星。就在这个高温条件下，铁元素和氧元素结合起来，在陨铁表面生成了一层叫作四氧化三铁的物质。四氧化三铁是

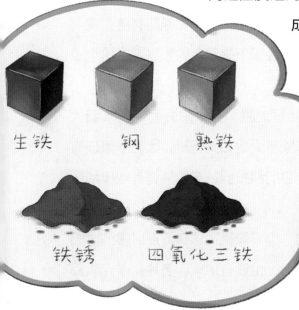

生铁　钢　熟铁

铁锈　四氧化三铁

5

纯黑色的，于是陨铁就变黑了。

陨铁被古代人捡到，经过敲敲打打，就能做成各种工具，比当时的铜器要坚硬、好用多了。所以你看，陨铁是黑色的，又那么好用，被古人当成神奇的材料就很正常了。读到这儿，你肯定明白了，金箍棒和倚天剑、屠龙刀使用的珍贵材料黑铁，应该就是天上掉下来的陨铁。

其实，在人类从铁矿石里冶炼出铁之前，最早利用的铁就是陨铁了。所以，人类对铁的第一印象就是黑，铁也成了人们口中的"黑色金属"。不只是铁，上一册书中讲过的铬元素和锰元素，也都一起被列为黑色金属。锰元素也就罢了，它确实和猛张飞一样有些黑。可是铬元素就有些冤枉了，它可是和银子一样光亮啊。

原来，黑色金属指的是主要用来冶炼钢铁的元素，其中铁元素是主力，铬元素和锰元素就是铁的左膀右臂。人们觉得铁普遍很黑，就把它们三个都叫作黑色金属了。除了它们三个，剩下所有的金属都叫有色金属。

说到这儿，你可能会好奇：天上怎么会掉下来黑色的陨铁呢？这个故事，就要从几十亿年前讲起了。

现在的太阳系中有一颗恒星，那就是太阳；在太阳外面，有八颗大行星绕着它旋转，地球也是其中一颗。除了太阳和大行星，太阳系里还有很多矮行星、小行星、卫星、彗星等，它们都按照各自的轨道有规律地运行着。

几十亿年前太阳系刚刚诞生的时候，可不像现在这样。那时候的太阳系倒是有点儿像一锅杂烩汤，既没有太阳，也没有地球，各种化学元素都混在一起。

你可能听说过万有引力定律，这是大科学家牛顿发现的，说的是宇宙

中的万物之间都有相互吸引的力。在引力的帮助下，那些比较轻的元素，比如氢元素和氦元素就团结在一起，形成一个个巨大的球。其中最大的一颗，发生了核聚变，变成了太阳。还有一些球分别变成了木星、土星、海王星等。

而那些比较重的元素，比如铁元素，它们也团结在一起，组成了一个个球。其中有些球很大，又吸引了像硅、氧这样的元素包裹在外面，变成更大的球。我们的地球，还有火星、金星、水星等都是这么形成的。

所以，在地球的内部，有一个巨大的铁球。它主要是由铁元素和镍元素形成的，这就是地球的地核。正是因为有了含有铁元素的地核，地球才有了地磁场，指南针才能够指出南北。

还有一些铁球，它们太小了，没能吸引更多的元素包裹在外面，就成为在太阳系里流浪的小星球。这些小星球，不管是散落在地球前进的轨道上，还是正好撞到了地球，最后都变成了一颗颗流星。要是这些流星能够落到地上，它们就成了陨铁。

也就是说，太阳系刚刚形成的时候，就已经有了铁元素。铁元素变成"铁球"飘在太阳系里，不知道什么时候就会落在地球上，地球上就有了这些黑铁。

那么，太阳系形成之初，这

么多铁元素又是从哪里来的呢?

哪里来的铁元素?

原来,我们的太阳系竟然是从一颗更大的恒星里面炸出来的。你还记不记得在氦元素那一章里,我们提到过太阳在几十亿年后有可能发生氦闪?在氦闪发生以后,太阳就该寿终正寝了。

这颗比太阳还大的古老的恒星,也和太阳一样,含有很多氢元素。这些氢元素发生着核聚变,变成了氦元素。但是,这颗恒星特别大,它的氦元素也开始进行核聚变,却没有发生氦闪,而是变成了很多更重的元素,比如氮元素、氧元素、铝元素、硅元素等。就这样,随着核聚变一直发生,元素变得越来越重,而且每一次变重的时候,都会释放能量,这些能量让核聚变一直持续下去。

这个过程就像是你每天都要吃早饭,这样才有力气背着书包去上学。可是,书包里的书越来越多,从一本到两本,再到十本。有一天,你再也背不动书包了,累得倒在了地上,书包里的书也撒落一地。

那颗古老的恒星也一样,它一直在发生着核聚变,结果化学元素越来越重。直到铁元素出现了,它就像是压倒你的最后一本书。那颗恒星再也"忍受"不下去了,发生了爆炸。整颗星星都被炸成了碎片,那些没有聚变完的氢元素、氦元素,还有氧元素、硅元素,以及"罪魁祸首"铁元素,它们全都一股脑儿地被抛撒出来。

这个过程就叫作超新星爆发，非常壮观。如果你喜欢看星空，可以找一找蟹状星云。那就是 900 多年前一次超新星爆发之后留下的残骸，说不定很久以后，在蟹状星云里面，也会重新凝聚出像太阳这样的星星来。

可以说，是铁元素"杀死"了原来那颗巨大的恒星，但是对于现在的太阳系来说，它可是有着巨大的功劳。没有它，超新星爆发就不会发生，也就不会有如今的太阳系。而且，在那次超新星爆发的时候，不只是原有的那些元素被抛撒下来，还有很多元素相互碰撞，撞成了更重的元素，比如金元素、银元素。在本系列图书中铁元素这一章以后的所有元素，都是因为铁元素才出现在了地球上。

铁，它的来头这么大，真不愧是锻造金箍棒的材料。不管是锻造金箍棒的黑铁，还是生活里常见的各种铁器，甚至包括我们身体里包含的 5 克铁元素，它们全都是超新星爆发的残渣。我们与古老的宇宙就这么通过铁元素连接在了一起！

下一章我们要说说钴元素。它与一种非常美丽的蓝色颜料关系密切，还曾被人骂恶魔。它的背后，又有什么故事呢？

铁的重要化学方程式

1. 常温下，铁与氧气反应生成红色的三氧化二铁：

$$4Fe+3O_2 \overline{\underline{}} 2Fe_2O_3$$

2. 在氧气中点燃铁丝，会生成黑色的四氧化三铁：

$$3Fe+2O_2 \overset{\text{点燃}}{\overline{\underline{}}} Fe_3O_4$$

钴
gǔ

27 号元素
第四周期第 VIII 族
相对原子质量：58.93
密度：8.9g/cm³
熔点：1495 ℃

钴：一只蓝色的"恶魔"

跨越千年的不解之缘

这一章我们要讲的元素是钴元素。这个钴元素，跟我们中国有着很深的渊源。

你肯定知道，在英语里面 China 是"中国"的意思。如果把 China 的第一个字母大写的"C"改成小写，那就是"瓷器"的意思。所以，自古以来，我们中国在外国人眼里就是个瓷器之国。

在一千多年前，世界上只有中国拥有制造瓷器的技术。当这种坚硬、雅致、泛着温润光泽的器具走出国门，到达东亚、非洲和欧洲时，外国人的眼睛都要看直了。他们立刻爱上了瓷器，并且不远万里从中国订制、购买瓷器，运回自己的国家。

瓷器的品种那么多，黑的、白的、青的，各种样子的都有，我们要讲的是哪一种呢？

这一章要讲的就是青花瓷——一种白底蓝色花纹的瓷器，它从元代开

单质沸点：2927 ℃
元素类别：过渡金属
性质：常温下为银白色金属，表面略呈淡粉色
元素应用：颜料、合金、维生素 B$_{12}$
特点：合金具有韧性且耐磨

Co
Cobalt

始就成了中国瓷器的代表之一。

青花瓷到欧洲后，与茶叶、丝绸等一起迅速掀起了一股长达 200 多年的"中国热"。当时的欧洲人十分珍视青花瓷，根本舍不得把青花瓷当作饭碗、菜盘使用，而是把它们作为艺术品摆起来。法国国王路易十四专门建造了一座宫殿摆放青花瓷；波兰国王奥古斯特二世为了拥有 151 件青花瓷，甚至不惜用 600 名全副武装的近卫骑兵作为交换。普通百姓更是以拥有一件青花瓷为荣。

欧洲人这么喜爱青花瓷，除了因为它具有坚硬、有光泽的特点，更是因为那一道道深邃动人的蓝色花纹。他们把青花瓷上的蓝色叫作中国蓝。如今，如果你去参观欧洲的博物馆，你很容易在众多展品上看到那一抹抹美丽的中国蓝。

那么，中国蓝究竟是怎么调出来的呢？它呀，用的是一种叫钴料的上色剂。钴料，当然就是含有钴元素的颜料了，它本身是灰黑色的。工匠们在用瓷土做成坯之后，会用毛笔蘸着钴料在坯上画花

纹。这些花纹当然也是灰黑色的，不过，在经过 1300℃ 左右的高温烧制之后，灰黑色的钴料发生化学反应，就变成了美丽的蓝色。

实际上，古人并不知道钴料里面有钴元素，所以在明朝的时候，这种颜料被叫作霁（jì）蓝釉。霁蓝是指下过雨以后天空呈现出的那种蓝色。《青花瓷》这首歌里唱到的"天青色等烟雨"，描绘的也是这个颜色的天空。

可惜的是，我们中国人等来了烟雨，烧出了美丽的青花瓷，却没能够从钴料里面发现钴元素。

第一种"拥有"发现者的金属元素

直到 1735 年，一位叫勃兰特的瑞典科学家才发现了钴元素。在人类历史上，古人早就发现了金、银、铜、铁这些常见的金属元素，但谁也不记得这些元素发现者的名字。而钴元素，就幸运地成为第一种"拥有"发现者的金属元素。

后来人们提炼出了纯净的钴，发现它也是一种银白色的金属，而且和铁一样是有磁性的。钴元素和其他一些元素结合的时候，总是容易显出蓝色。除了青花瓷，在制造蓝色玻璃的时候，钴也能派上大用场。

不过，明明是这么美丽的元素，勃兰特给它起名的时候，却选了一个很不好的单词——cobalt，这在德语里是"恶魔"的意思。直到今天，钴元素还被冠以恶魔的骂名。勃兰特这个发现者难道跟钴元素有仇吗？

钴

甩不掉的坏名声

钴的名字，要从含有钴元素的一种矿石说起。

17 世纪，在德国的一些矿洞里面，有人发现了一种蓝色的矿石。矿工们也不知道它是什么东西，只觉得这种矿石颜色特殊，可能是个宝贝，就用力地挖呀挖呀。谁知道，矿工们挖着挖着就出事了。

很多矿工都得了一种不知名的疾病，接二连三地倒下了。他们也找不到得病的原因，因此怀疑是地下的恶魔在作祟。矿工们猜测，恶魔就藏在蓝色的矿石里，它们性情邪恶，不光经常在地下的矿洞里吓唬他们，还让他们得了病。所以，他们就把这种蓝色矿石叫作"恶魔"。

后来，从矿石里面发现钴元素以后，勃兰特也没有再改这个名字，就直接把钴元素叫作"恶魔"了。但实际上，钴元素却是被冤枉的，它并不是让矿工们得病的"凶手"。这种矿石里除了钴元素，还含有硫元素和砷元素，导致矿工生病的"恶魔"其实是砷元素，后面你会读到砷元素的故事。

善良的"天使"终于被发现

其实，钴元素不仅不是恶魔，它对于我们人体来说，还称得上是一种天使元素呢！

在 19 世纪，医生发现了一种神秘的疾病。患上这种病的病人会觉得身体乏力、头晕眼花，还会变得冷漠、烦躁，症状就和贫血一样。

现在我们知道，如果身体缺铁的话就容易患上缺铁性贫血。铁元素是组成血液里红细胞的关键成分。身体要是缺乏铁元素，红细胞的功能就会减弱，数量就会下降，人就会贫血。

而这种神秘疾病又比贫血厉害多了，不管用上什么治疗方法都不见效，患病一段时间之后，病人就衰弱得死去了。医生也没什么好办法，就把这种病叫作恶性贫血。

后来，医生们诊断出越来越多的恶性贫血患者。他们虽然被送到医院，但没有见效的治疗手段，只好等死。著名的科学家居里夫人就是因为得了这种病去世的。

就在这危难之际，一件巧合的事情发生了。当时，美国有位科学家用狗做实验，研究贫血应该如何治疗。他先给狗放血，让狗的红细胞流失，这样狗就会患上缺铁性贫血。然后，他又喂狗吃牛肝，竟然治好了狗的贫血。

现在的医生一下子就能看出来，这是因为牛肝含有大量铁元素，吃了牛肝能补铁，就治好了狗的贫血病，这没什么稀奇的。

可是当时的科学家不知道呀。有一位叫迈诺特的科学家听说了这个发现以后，就特别好奇。他误以为给狗放血导致的贫血就是恶性贫血，于是他猜想牛肝对狗有用，对人是不是也有用呢？

于是，迈诺特就用牛肝给 45 位得了恶性贫血的病人治疗。按照常理推测，这肯定是会失败的，因为他搞混了两种不一样的贫血。可是，奇迹发生了，他居然真的用牛肝治好了这种恶性贫血。

这么严重的疾病居然只用牛肝就能治好？很多科学家都感到不可思议。但是不管怎么说，疗效是真的，原来那些只能等死的病人，

一下子就找到了"灵丹妙药",而且这"药"还是很容易买到的牛肝。所以,发现这个治疗方法的几位科学家,在1934年一起获得了诺贝尔生理或医学奖,因为他们让成千上万的人有了活下去的希望。

那么,到底是牛肝里的什么成分治好了恶性贫血呢?经过好几十年的努力,人们终于找到了这种起作用的物质——居然就是一种含有钴元素的物质。当时,人们已经发现了很多种不同的维生素,于是就按照规律,给这种物质起名叫维生素 B_{12}。因为含有钴元素就是维生素 B_{12} 最明显的特征,所以它被叫作钴胺素。

原来,钴胺素在红细胞的发育和成熟过程中,会起到很大的作用,所以人体要是缺乏钴胺素,红细胞就会发育不良,人就会患上恶性贫血。因为牛肝里面既含有丰富的铁元素,也含有很多钴胺素,所以牛肝就把缺铁性贫血和恶性贫血都治好了。

你看,钴元素对我们来说有多重要。

下一章要说的元素,它的影响力就更大了。它堪称人类文明的使者,是人类最早利用的金属。它就是铜元素,我们下一章就来隆重地介绍它。

钴的重要化学方程式

1. 金属钴溶于盐酸,会生成蓝色的氯化钴,并放出氢气:

$$Co+2HCl=CoCl_2+H_2\uparrow$$

2. 氧化钴溶于硫酸:

$$CoO+H_2SO_4=CoSO_4+H_2O$$

铜

tóng

29 号元素
第四周期第ⅠB族
相对原子质量：63.55
密度：8.92g/cm³
熔点：1084.62℃

铜：敲响人类文明之钟的第一声

人类进入文明时代的标志

在铁元素那一章，我们说到了希腊神话里的黄金时代、白银时代、青铜时代和黑铁时代。你一定还记得，金属铁原本并不是黑色的。实际上，铜原本也不是青色的，如果你见过铜做成的电缆，你就会发现纯铜是紫红色的，人们平时说到的紫铜、赤铜或者红铜，指的就是纯铜。

那么青铜是什么铜呢？为什么神话中总说青铜时代呢？

这可是关系到人类文明的大事。

我们这个地球上有很多不同的文明，比如我们华夏文明在大约 5000 年前就诞生了，所以这才有了中国上下五千年的说法。中国也和古埃及、古巴比伦还有古印度一起，被称为世界上的四大文明古国。

这么说来，是不是人类的历史也就是 5000 年左右呢？

当然不是。如果听说过进化论，你可能会知道，我们人类是从猿猴慢慢进化成现在这个样子的，进化距今已经有了几百万年的时间。在这几

单质沸点：2560℃

元素类别：过渡金属

性质：常温下为淡（紫）红色金属

元素应用：电线、管道、铜火锅

特点：纯铜非常柔软，延展性好，导热性和导电性高

Cu
Copper

百万年里，出现过很多种不同的人类，例如云南发现的元谋人、北京周口店发现的山顶洞人等，但他们都和我们不一样，也不是我们的祖先。

我们这样的人类在生物学上叫作智人，虽然现在还不知道到底是什么时候出现的，但可以肯定的是，最早的智人出现在非洲大陆。大约几万年前，有一批古老的智人从非洲经过漫长的跋涉，在中国定居下来。所以，我们中国有人类的历史远远不止 5000 年。埃及就在非洲，那里出现人类的历史就更久远了。

明明几万年前就有人类了，我们却只说华夏文明是上下五千年，这可不是因为谦虚，而是因为 5000 年以前发生的那些事情，还不能被称为一种文明，而且也没有留下多少东西能够让我们去传承。

什么时候算是文明时代呢？关于这个问题的答案，科学家和历史学家们的意见还没有统一，但是大部分人认为，是否出现青铜器可以作为重要依据之一。也就是说，如果一群人掌握了青铜的冶炼技术，那就可以认为是进入了文明时代。

虽然地球上也有少数文明没有出现青铜器，但是这个标准总的来说还是合理的。这样一来，青铜时代就是人类拥有文明的第一个时代了。在青铜时代以前，并没有黄金时代和白银时代，那都是神话传说编造出来的。

倒是有一个红铜时代，这是人类进入文明时代的过渡期，这时候的人

17

类用上了纯铜。在红铜时代以前，是石器时代，那个时候的人们用的工具主要是石头和木头。

也就是说，原始人在使用石器的时期，发现了纯铜这种金属，后来又把纯铜做成了青铜，这才进入了文明时代。

铜是如何被发现的呢？

自然界中的铜一般都不是以单质的状态存在，金属铜更不像金属铁那样，会从天上掉到人们的门口。所以，原始人只能用自然界里的矿物去冶炼铜。

原始人发现铜可不是偶然的。

自然界里的铜矿石并不难找，特别是一种叫孔雀石的铜矿石。它就像孔雀的绿羽毛那样显现出翠绿色，在一大堆土黄色的石头里面十分醒目。原始人喜欢收集颜色鲜艳的矿石，有的矿石会被用来研磨成颜料，还有的会被用来祭祀，就是供奉给他们想象中的神仙。

孔雀石不是一种性质很稳定的矿石。像玄武岩这样的矿石，放在火里烧上一段时间，它也不会发生什么变化。可是孔雀石如果被扔进炭火里焚烧，要不了多久，绿色的孔雀石就会变成紫红色的金属铜。

原始人看到这样的变化，当然是很兴奋的。他们平时用的是石器，都是用石头磨成的。你可以试一下，把一块石头打磨成一块刀片，那可不是一件容易的事儿。而且，就算磨成了，要是一不小心把它弄断了，就无法

修补了。

但是金属铜就不一样了，它比较柔软，只要敲敲打打，就可以把它加工成不同的形状，比如铜可以做成铜丝，石头就不可以。

所以，那个时候的原始人发现金属铜以后，就把它做成不同的物品，包括武器。这些可不是我们的推测，是有可靠证据的。

1991 年，德国有一对夫妻去意大利爬山，

孔雀石受热发生分解反应：

$$Cu_2(OH)_2CO_3 \xrightarrow{高温} 2CuO + H_2O\uparrow + CO_2\uparrow$$

用 CuO 炼铜，可用焦炭还原法：

$$2CuO + C \xrightarrow{高温} 2Cu + CO_2\uparrow$$

在阿尔卑斯山上发现了一具 5000 多年前的尸体。因为阿尔卑斯山上太冷了，这具尸体被冻成了木乃伊，科学家就叫它"冰人奥茨"。在奥茨的旁边，有一把红铜斧头。这就说明，那时候的人们已经学会了怎样用金属铜打造武器，进入了红铜时代。

可是，原始人还没有兴奋多久，就发现自己高兴得太早了。纯铜虽然很容易加工，可它实在是太软了。比如把它做成刀片后，要想用它砍树，用不了几次，刀片就会卷起来，再也砍不动了。

这样看来，红铜似乎也没有那么好用，有的时候还不如石器。所以，

红铜时代没能终结石器时代，人类也没能进入文明时代。

不过，人类可没有停下发展的脚步，有了红铜，发现青铜就是早晚的事儿了。

青铜是一种铜的合金，就是金属铜和其他一些金属混合在一起形成的。那个时候的人类掌握了木炭烧火的技术。这种火焰的温度还很低，能够冶炼出来的金属有限，除了金属铜，还有金属锡和金属铅。金属锡和金属铅后面的章节会讲到。

有了不同的金属以后，有人发现，在金属铜里面掺入一点儿锡或者铅，把它做成合金，就不再是那么软的金属了。这种合金，我们现在就叫它青铜，含锡多一些叫锡青铜，含铅多一些就叫铅青铜。

其实，青铜刚刚做出来的时候并不是青色的，而是黄棕色。可是放一段时间以后，它就开始变色，逐渐变成青色，这才被叫作青铜。美国纽约有一座著名的自由女神像，它就是用青铜塑造的。虽然现在看起来是青色的，可要是翻看一百年前人们对自由女神像的记录，就会发现有些人说它像是镀了一层黄金。其实，青铜上的青色就像铁生的锈一样，也叫铜绿，成分和孔雀石是一样的。

青铜比红铜强大太多了，它质地坚硬，可以用来制造各种武器；特别是青铜剑，不仅锋利，而且还很有气质，是古代贵族的象征。

优点远不止这些

青铜能够把人类带到文明时代，不仅因为相较石头，它能够制造出更好的武器，还因为它能制造出很多精美的青铜器。比如在中国国家博物馆里，有一座后母戊鼎，那可是一件国宝级的青铜器；还有湖北省博物馆里，有一组叫作曾侯乙编钟的国宝，也精美得很。

1978年，湖北随州这个地方正准备修建一座工厂。为了平整土地，人们就把山头给削平了。谁知道，就在施工的时候，工人竟然挖出来一座2000多年前的古墓。这座古墓里面，埋的是一位叫作曾侯乙的国君。因为他的身份非常显赫，墓里面陪葬了很多珍奇异宝，这其中就有一组青铜做成的编钟，就是曾侯乙编钟。

编钟是古代的一种乐器，演奏者用一根木棒像敲鼓那样敲编钟，编钟

就会发出响声。编钟的个头越大，发出来的声音就越沉闷；个头越小，声音就越清脆。要是把很多个编钟放在一起，按照顺序去敲击不同的编钟，就可以打造出美妙的音乐了。

曾侯乙这位国君是个特别喜欢音乐的人，所以他收藏了很多乐器，其中最大的就是这组编钟，总共有 65 件钟，所有钟加起来的重量相当于 40 个成年人的体重。

这些编钟上，全都标记了敲击编钟可以发出的音调，而且每个编钟从正面敲和从侧面敲，都可以发出两种不同的声音。让人想不到的是，虽然已经过去了 2000 多年，编钟的音调还很准确。研究人员把它们组装起来以后，演奏了《东方红》这首曲子。当那叮叮当当的清脆声音传出来时，谁能想到，这些音符可是跨越了几千年的时光。

几千年前，古人知道怎么去加工青铜以后，发现改变青铜里面铅和锡的用量，就可以改变青铜器受到撞击时发出的声音。就这样，工匠们不停地尝试，终于找到了最合适的配方，制作出了青铜编钟。

除了编钟，青铜还可以用来制作其他乐器，比如青铜鼓、青铜铃铛等。正是这些青铜乐器，传出了文明的声音。

直到现在，很多寺庙里都还有青铜做成的钟。"姑苏城外寒山寺，夜半钟声到客船"，这里的钟声也是敲击铜钟发出的。

你看，人类最早能够冶炼的金属就是铜，又是青铜器让人类进入了文明时代。这铜元素，不就是敲响文明钟声的那个元素吗？

下一章，我们要讲的元素是锌元素，就是人们经常提到的"补锌"的那个锌。据说，补锌能让人更聪明，这是真的吗？我们下一章就来揭秘。

铜的重要化学方程式

1.在空气中加热金属铜单质生成氧化铜；若温度进一步升高，氧化铜会分解生成氧化亚铜：

$$2Cu+O_2 \stackrel{\triangle}{=\!=} 2CuO$$

$$4CuO \stackrel{高温}{=\!=} 2Cu_2O+O_2\uparrow$$

2."湿法炼铜"指的是用铁从硫酸铜溶液中提取铜（该反应属于置换反应）：

$$Fe+CuSO_4 =\!= Cu+FeSO_4$$

3.向蓝色的硫酸铜溶液中滴加氢氧化钠会得到蓝色的氢氧化铜絮状沉淀：

$$CuSO_4+2NaOH =\!= Cu(OH)_2\downarrow +Na_2SO_4$$

锌

xīn

30 号元素
第四周期第 II B 族
相对原子质量：65.38
密度：7.14 g/cm³（25℃）
熔点：419.53 ℃

锌：补锌，会让你变聪明吗？

有趣的水果电池

你做过水果电池实验吗？只要找一个苹果，或者是橘子、西瓜之类的水果，然后在水果上插两片不同的金属片，比如一片铜片、一片锌片，就做成了一个能供电的小电池。如果你还能找到一个很小的 LED 灯泡，用电线把灯泡连接到两片金属片中间，灯泡就会亮。

其实，这个水果电池就是世界上第一只电池的模型。那两片金属片里，铜片你已经认

单质沸点：907 ℃

元素类别：过渡金属

性质：常温下为银白色金属

元素应用：电池、防腐蚀材料、洗发水、物理防晒霜等

特点：金属活动性强，其合金具有耐磨性

Zn
Zinc

识了，锌片呢？这个锌片，可不是硅元素那一章里说的计算机里的芯片，而是这一章我们要讲的元素——锌。

电池为什么要用锌呢？我们就从世界上最早的电池讲起吧！

1800 年，意大利有个叫伏打的科学家偶然间有了一个新发现。他把两片不同的金属塞进了嘴巴里，舌头上边一片、底下一片。没想到，敏感的舌头竟然有一阵麻麻痒痒的感觉。他猜想：这会不会是金属片在嘴巴里放电了呢？

于是，伏打做了个实验。他拿了很多用盐水浸透的纸板充当舌头，又找来了很多铜片和锌片。伏打在底下先放一层铜片，然后摞一层湿纸板，再放一层锌片，组成一个发电小单元。然后，伏打把十几个发电小单元摞成厚厚一摞，再用手同时触摸这一摞装置的底部和顶部，就感受到了很强的刺激，好像触电了。这种金属片摞成的装置就叫伏打电池。

原来，伏打电池放出来的电，是电子运动形成的。电子是一种很小很小的微粒，每种元素的原子里面都含有电子。但是，有的元素的原子很珍惜自己的电子，不舍得随意丢弃，铜元素就是这样；有的元素的原子就睁一只眼闭一只眼，不是很在意，电子说不定什么时候就丢了，比如锌元素，它就有些马大哈。

所以，把锌片插到水果里面以后，锌的电子会被水果里面酸性的物质夺走。但是，如果锌片和铜片之间连接了一条导线，这些电子就会乖乖

25

地跑到铜片那里去，因为这时候有很多个电子一起行动，于是就形成了电流。电流像水流一样带有能量，水流可以推着船前进，电流也能使灯泡发亮。所以，一个简单的水果电池就这么做成了。你可不要小看这个简单的电池，在锂离子电池出现以前，我们用的干电池可都是应用的这个原理呢。

直到现在，在生活中你最容易接触到的锌元素，还是干电池表面的那些。如果你把用完的电池表面那层塑料皮撕掉，露出来的银灰色金属多半就是锌了。在现在的干电池里，锌金属起到的作用还是跟在水果电池里一样，乖乖地献出电子，形成电流。

你看，锌元素真的跟它的名字一样，辛辛苦苦、任劳任怨地奉献自己。

勇于牺牲的元素

其实，除了应用在电池上，锌元素还有一个非常重要的作用，那就是保护其他金属。我们在介绍铬元素的那一章里说过，把铬元素电镀到别的金属表面，可以防止其他金属生锈。同样，锌元素也经常被用来保护别的金属，只不过锌跟铬不同，锌保护别人的方式是牺牲自己。

很多金属都会生锈，这是金属元素和氧元素结合的结果。也可以说金属被氧气腐蚀了，所以氧气就是它们的敌人。为了对付氧气，有的金属修炼出了很强的本领，像之前讲过的钛元素、铬元素，它们自身就可以对抗

氧气的腐蚀。

锌元素没有这个本事，但因为锌原子的电子很容易丢失，所以锌就会很容易和氧气结合起来。这时候，如果我们把锌元素放在别的金属旁边，当氧气想要过来搞破坏时，锌元素就会抢在前边紧紧抱住氧气，跟它同归于尽，别的金属就被保护下来了。

在一些海船的船舷下面，会有一些银白的金属板，那就是用来保护钢铁的锌板。当钢铁巨轮进入海水里以后，海水会帮助氧气腐蚀钢铁，船就更容易生锈了。要是用金属钛或者不锈钢去造轮船，需要把整艘船的钢铁全部替换掉，这会花费很多钱。而用金属锌去保护海船，只要一点点锌板就够了，轮船的主体还是钢铁，这样处理费用就不会太高。等到这些锌板在保护钢铁的过程中全部牺牲以后，重新装上一些新的锌板，就又可以用一段时间了。

人们发现了锌元素的这种妙用以后，还把它做成了涂料，刷在钢铁

的表面。这种涂料阻隔了氧气与钢铁接触，就算是有一点儿氧气进去了，锌元素也会抢先与氧气结合，防止钢铁生锈，所以这种涂料也被叫作防锈漆。

还记得金门大桥吗？因为修建金门大桥的时候，不锈钢还很稀有，所以金门大桥很多核心的地方也会生锈。维护的工人没有办法，只能经常刷漆，而他们刷的漆，就是主要含金属锌的防锈漆。

锌既然那么厉害，它在我们的日常生活里又保护了什么金属呢？

这简直到处都是，每个人的家里都有。比方说，在我们常用的硬币里，有一种 5 角面额的硬币跟其他硬币的样子截然不同，它是金黄金黄的。这个黄色，就是铜的颜色。当然，只有铜还不行，因为铜用久了会生出青绿色的铜锈，所以，造币厂会在铜里面加上锌元素保护铜，让硬币不管用多久都能不生锈，保持闪闪发光的样子。这种把锌添加进铜里形成的合金就叫铜锌合金，它还有一个俗名，就是黄铜。

除了做硬币，你在音乐会上看到的各种金光闪闪的乐器，比如大号、小号、圆号、萨克斯，它们都是黄铜做的。黄铜做的乐器声音清脆，而且不容

易生锈，音乐家们都很喜欢。

不可或缺的生命元素

锌元素抢手的原因可不只是因为被用在这些地方，它还有个外号叫作生命元素，因为我们的身体也很需要锌元素。锌元素在身体里有什么用呢？

有人说，补充了锌元素，人就会变得更聪明。这可不是随便乱说，小朋友们如果身体缺锌，就容易发育变慢，而且注意力不集中，学习成绩就可能下滑。因此，缺少锌元素会让人显得"不聪明"，那么说它能让人变聪明也算是有道理啦。

但是，如果一个人真的缺锌的话，还可能会出现更可怕的现象。

你可能听朋友说过这么一句话："零花钱没了，这个月我又要'吃土'了！"这里的"吃土"是一种夸张的说法，你的朋友可不会真的从地上捏一把土塞进嘴里。

可是你知道吗？世界上真的有人会吃土。他们会趁人不注意，把小块儿的土颗粒塞进嘴里。有时候没有土可以吃，他们就用舌头舔墙皮。有的人不光吃土，甚至还会啃石头、嚼玻璃。

这些人并不是因为饥饿才吃这些奇怪的东西，也不是觉得这些东西好吃，而且他们吃了这些东西，也不能消化。

这就奇怪了，他们为什么要这么做呢？

　　实际上，他们吃这些东西，是因为得了一种叫"异食癖"的病。那些吃土的人，是病情比较严重的病人。病情还不严重的时候，病人也许会有挑食或者喜欢啃手指甲的表现。

　　科学家们研究了异食癖以后，发现这种病居然是因为身体里缺少一些元素导致的，有的是缺少铁元素，更多的是缺少锌元素。在补充了足够的锌元素之后，很多异食癖病人都被治好了，再也不吃土了。

　　所以，小朋友在长身体的时候，可千万不能缺少锌元素。缺锌，可不是只会让人"不聪明"，而且还可能会让人喜欢吃土呢！实在是太可怕了。

　　我们平时吃的食物中，鱼、虾、牡蛎都含有比较多的锌。所以，平时吃饭的时候，可要多吃点儿这些食物，它们都可以让你茁壮地成长，变得"更聪明"呢！

　　讲到这儿，锌元素的故事就结束了，我们也给它放一天假，让辛苦的锌元素好好休息一下吧！

下一章，我们要讲一个好玩儿的元素。它平时看着是一块儿固体金属，可是你要是用手把它拿起来暖一会儿，它竟然会像雪一样熔化成银白色的液体。它就是镓元素。它怎么会有这样的"超能力"呢？我们下一章来揭秘。

锌的重要化学方程式

锌是一种两性金属，既可以和强酸反应，也会与强碱反应，并且都会放出氢气：

$$Zn+2HCl=ZnCl_2+H_2\uparrow$$

$$Zn+2NaOH+2H_2O=Na_2[Zn(OH)_4]+H_2\uparrow$$

镓
jiā

31 号元素
第四周期第 ⅢA 族
相对原子质量：69.72
密度：6.095g/cm³
熔点：29.7646 ℃

镓：放在手上就能熔化的液态金属

元素家族里的"巧克力"

你爱吃巧克力吗？那一个个黑黑的小方块儿，有着说不清的魔力。把巧克力放进嘴里，感受它慢慢融化的丝滑口感，牛奶般香浓的滋味在舌尖流淌。光是想想我都要流口水了！

先忍住口水，我们来介绍一下这一章的元素贵宾——镓元素。它堪称元素家族里的"巧克力"。

我可不是鼓励你把镓元素吃进肚子哦！它就是一种金属，一点儿也不好吃的。说镓元素像巧克力，是因为它们有一个共同的特征——容易"熔化"。

有时候夏天的天气太热，我们拆开塑料包装袋，会发现巧克力化成了一摊黏稠的液体。或者如果我们用手紧紧握住巧克力，也是可以把它暖化的。会出现这种情况，是因为巧克力的熔点非常低，比人的体温还要低，一般只有 33℃ 左右。

单质沸点： 2519 ℃

元素类别： 后过渡金属

性质： 常温下为银白色金属

元素应用： 无汞温度计、芯片、太阳能电池、激光二极管

特点： 可以"热胀冷缩"，熔点低

Ga
Gallium

在金属元素中，像铝、铁、铜这样的金属，它们的熔点都特别高，需要加热到几百摄氏度甚至上千摄氏度才能熔化，我们将它们放到手心里暖一万年，它们也还是老样子。

可是，镓金属就不一样了，它的熔点只有 30℃ 左右，比巧克力还低。平时镓看起来也是一块冷酷、锋利的金属，但你要是把它捧在手心里，不一会儿，它就会像巧克力一样慢慢化开，变成一摊银白色的液体。

银白色的液体？这不就是玻璃温度计里的水银吗？其实，镓跟水银不是一回事儿。水银是另一种元素汞的别称，后面的章节会讲到它。汞的熔点比镓低得多，只有 −39℃，所以平时它就是液体。另外，镓对人体没有明显的危害，汞却是一种有毒的元素。

所以，现在很多玻璃体温计已经不用水银，而是用上了镓合金。在镓元素里添加别的元素做成镓合金，熔点会更加低，可以像水银一样在室温下保持液态。我们用液态的镓合金替代液态的水银，一种对人体无毒害的温度计就做成了。

当然，镓这么好玩儿的元素，可不能只用在温度计里，科学家们对它的期望可高了。

科技感十足的元素

在电影《终结者》里面，有这样一种机器人：它是用液态的金属做成的，能够随意地变形，跟孙悟空的七十二变一样，非常擅长伪装。如果你把它关进监狱，它还能变成液体溜出来。而且，这种机器人不管受到什么攻击，它总能恢复成原来的样子，就像是有了一个不死的身躯。

你看，这机器人不错吧！咱们人类用什么才能造一个出来啊？科学家想到了镓。在 2014 年，一些科学家把液态镓合金放进电场里，用微弱的电流控制它。结果，镓合金小液滴居然真的动了起来，它可以变成球形，也可以像被锤子敲了一样变扁，是不是有点儿炫酷呀？

这当然跟液态机器人差得还很远，但毕竟让我们看到了希望。或许将来，你就能沿着这条路走下去，发明出液态机器人！

讲到这儿，我还要给你一个忠告：将来你拿镓做实验的时候，可千万不要随便把液态的镓倒在别的金属上，尤其要注意不能和铝接触。

以易拉罐为例，它就是用铝做成的。要是把镓放在易拉罐的顶盖上，要不了多久，易拉罐顶盖就会变得跟豆腐渣一样，一捏就碎。因为液态的金属镓跟水一样，很容易渗透到别的金属里面，一不留神就搞了破坏。而且，镓和铝最相像，也就更容易渗透到铝的内部。

很少有人知道，100 多年前镓元素之所以被人们发现，就和铝有关系。而且就是镓揭示出了化学元素之间存在的一个根本规律。这都和一位伟大的科学家有关，他就是门捷列夫。

验证了元素周期律的英雄

门捷列夫出生在俄国，命运十分坎坷。门捷列夫是家里的第 14 个孩子，他的父亲本来是个中学老师，没想到他出生没多久，父亲就因为双目失明丢了工作。他的母亲便张罗了一家玻璃厂，勉强维持一家人的生活。

好景不长，门捷列夫十几岁的时候，他的父亲去世了。母亲辛苦张罗的玻璃厂也毁于一场大火。尽管家里遭受了这么大的变故，门捷列夫还是很努力地学习，并且考上了俄国一所非常好的大学。为了供他上大学，母亲毫不犹豫地变卖了家里的财产，陪着他来到当时俄国的首都圣彼得堡。

门捷列夫没有让他的母亲失望，他选择了化学专业，毕业以后在圣彼得堡国立大学当了大学老师，而且在学术研究工作上特别卖力。

当时，人类发现的所有化学元素加起来有 60 多种，好多人都想弄清楚两个问题：为什么会有不一样的化学元素？还有，这个世界上到底有多少种化学元素？门捷列夫也不例外，他对这些问题着了迷。

在圣彼得堡教书的时候，他翻看了很多前人的发现，研究了几万条数据。渐渐地，他有了一个大胆的想法。门捷列夫觉得，所有的化学元素之间都有规律，元素们可以按照一些特性被分成几组。

这可是一个了不起的发现，如果你还无法理解，我就再给你打个比方。

假如现在有个游乐场，游乐场里有很多个孩子。这些孩子躲在不同的地方，有的躲在过山车那里，有的躲在旋转木马那里。如果现在让你去把他们全部找到，但是没有给你他们的名单，你甚至连他们是谁都不知道，该怎么办呢？

人类寻找化学元素，就像是在游乐场里找这些孩子一样，所以有的时候只能碰运气，谁也不知道找齐了没有。

门捷列夫很聪明，他看到那60多种已经被找到的元素以后，就去研究这些元素之间的关系。他发现，每种元素的原子的"个头"都不太一样，有的大，有的小。于是，他就按照从小到大的顺序将它们排列起来，原子"个头"最小的当然就是氢元素，然后是锂元素、铍元素、硼元素等。因为当时还没发现氦元素，所以它被遗漏了。

当他把这些元素按顺序排列起来以后，他又注意到一个更奇特的现象：这些元素，只要隔上几个就会有相似的特征。比方说，他把钠元素和钾元素放在一起，发现这两个元素就跟亲兄弟一样。而且，钠元素后面是镁元素，钾元素后面是钙元素，镁元素和钙元素也像亲兄弟。更巧合的是，钠元素前面的氟元素和钾元素前面的氯元素也很像。

门捷列夫感觉这一定不是巧合，而是存在着规律。元素每隔一个周期就拥有相似的特性，就像钟表每转过一圈又来到新的一天，存在着特定的周期。他冥思苦想，把这种规律叫作元素的周期律。1869年，门捷列夫写了一篇论文，讲述他猜想的元素周期律，而这一年，他才35岁。

可能是他太年轻了，那些已经成名的大科学家都不太相信他的推论，门捷列夫感到有些失落。但他没有气馁，心想一定是自己还有什么地方没有想到，就继续钻研。

这时候，他找到了一个漏洞。如果说化学元素之间存在周期性，为什么找不到一种和铝元素特别像的元素呢？如果元素周期律的猜想是正确的，那么世界上就一定存在这种元素，只是当时还没找到而已。

那么门捷列夫对了吗？可以说，非常正确。这时候，科学界有些重视他的观点了，因为照着门捷列夫的推论去寻找，就能发现新的元素。

1875年，也就是他提出预言的4年以后，法国有个科学家发现了镓

元素。这位科学家发现，镓元素居然就是门捷列夫预言的那个和铝特别像的元素。而且，更让人吃惊的是，门捷列夫预测的那些性质，居然完全正确，就连镓元素熔点很低这件事儿，他也推测出来了。

这个发现轰动了全世界，人们终于相信，所有的化学元素之间其实是存在规律的。科学家们按照门捷列夫的提示，终于在几十年后找到了化学元素之间的内在联系。原来，元素的原子是因为一种叫质子的微粒区分开的，氢元素的原子最小，只有一个质子。氦元素排在第二，它的原子有两个质子，以此类推。把这些元素按照规律编在一起，就成了元素周期表，你可以在很多书上找到这张表。

本系列图书章节的顺序，也是按照元素周期表来安排的，只是跳过了一些元素。这一章的镓元素，排在第 31 位，是因为它的原子含有 31 个质子。目前我们知道，元素可能只有 118 种，而且这 118 种都已经被全部找到。

你看，我们今天能学到这些知识，还要好好感谢一下门捷列夫，是他最先提出了元素之间的周期规律；也要感谢镓元素，是它的出现让科学家验证了元素周期表的正确性。

下一章我们要说的元素是排在第 33 位的砷元素。它自古以来就跟修仙有着扯不断的联系。那么，吃下砷元素，真的能成神仙吗？我们下一章来揭秘。

镓的重要化学方程式

镓与稀硫酸反应，生成硫酸镓和氢气：

$$2Ga+3H_2SO_4 = Ga_2(SO_4)_3+3H_2\uparrow$$

砷

shēn

33号元素
第四周期第ⅤA族
相对原子质量：74.92
密度：5.75 g/cm³
熔点：817 ℃（加压）

砷：揭秘拿破仑和武大郎的**相似**之处

毒药之王

　　在介绍砷元素之前，我想先问问你：你都听说过什么毒药？最先在你脑海里蹦出来的词是不是"鹤顶红"啊？在很多古装电视剧里，坏人都会鬼鬼祟祟地拿出来一个小瓷瓶，然后从里面倒出来几粒鹤顶红药丸，放进别人的饭菜里。据说，鹤顶红是一种从丹顶鹤头顶部位取材，然后炼出来的红色毒药，人只要吃一点儿就会没命。

　　其实这个传说可是大大地冤枉了丹顶鹤。丹顶鹤的头顶是红色的，和毒药没有关系，只是因为丹顶鹤"秃头"了。它的头顶没有羽毛，露出了皮肤，而皮肤下面又有很多毛细血管，因此丹顶鹤的头顶看上去就是通红的。也就是说，丹顶鹤头顶的红色，是鲜血的颜色，绝对无毒无害。

　　鹤顶红和丹顶鹤没有关系，它到底是什么毒药呢？

As
Arsenic

在自然界中，有一种叫红信石的矿物，是一种有剧毒的石头，有些坏人就用它来害人。古代人讲究风雅，就算是毒药也要起个好听的名字，于是就把红信石叫作鹤顶红，鹤顶红这个名字就流传下来了。

红信石为什么会有这么大的毒性呢？

这就要恭迎这一章的主角——砷元素登场了。红信石的主要成分叫作三氧化二砷，是砷元素和氧元素结合形成的物质，它还有个更通俗的名字——砒霜（pī shuāng）。砒霜是一种有剧毒的物质，人吃一点点就会被毒死。纯净的砒霜其实是白色的，可是它在自然环境中总会混入一些杂质，于是就变成了红色。

用砒霜做坏事儿的人太多了，这让砒霜获得了"毒药之王"的称号。如果你看过《水浒传》，你一定记得里面有个叫武大郎的角色，他是打虎英雄武松的哥哥。武大郎的个子很矮，他的妻子嫌弃他，就和坏人一起设计用砒霜毒死了他。这件事儿可以说是武松命运的转折点。武松为了给哥哥报仇，杀掉了凶手，最后没办法才去了梁山当好汉。

虽然武大郎是个虚构的人物，但在现实世界中被砒霜毒死的人也不少。

清朝的倒数第二个皇帝叫光绪，他执政期间，慈禧太后几乎一直垂帘听政，导致他没有办法像一个真正的皇帝那样行使权力。当时已经是清朝末年了，国内到处都有起义军，国外又有列强环绕，大清国眼看要不行了。1898 年，光绪皇帝联合康有为、梁启超这些维新派人士，发起了一场叫作戊戌（wù xū）变法的政治改革。他们要改革政府机构，任用维新人士；开办新式学堂，传播新思想；还要废除八股文、建立新式海军；等等。计划很宏伟，看起来或许也能救大清国的命，可是，这些改革侵犯了慈禧太后这些守旧派的利益。

就在戊戌变法实行的第 103 天，慈禧太后发动政变，杀了好几个维新派大臣，还把光绪囚禁在紫禁城旁边中南海的一个小岛上。

按说，光绪皇帝比慈禧太后年轻得多，等到慈禧去世的那天，他应该还能重掌大权吧？

可离奇的是，在 1908 年慈禧太后死去的前一天，年仅 38 岁的光绪竟突然驾崩了。很多人都觉得他死得很蹊跷，怀疑是慈禧眼看自己不行了，就干脆在死前把光绪也给毒死。可是，下毒这事儿在当时没有证据，于是光绪之死就成了历史之谜。

不承想，100 多年过去了，科学家为光绪皇帝做了尸检，终于发现真相。光绪的身体里面有很多砷元素，胃里的砷元素尤其多，这就说明他是中毒而死，很可能有人对他使用了砒霜。

砒霜这种毒药不光在中国有，在其他国家也是有的。科学家同样是用尸检的方法，发现大名鼎鼎的法国皇帝拿破仑也有可能是被砒霜毒死的。其实，古代还有很多这样的悬案，被砒霜毒死的人恐怕很难数清了。所以直到现在，砒霜都还是烈性毒药的代名词，可见人们对它有多恐惧。

毒药用来成仙？

砷元素是这么危险的一种元素，古代人却想靠它来成仙。

前面说到，野外的砒霜多有杂质，所以往往会有颜色，那么白色的砒霜又是从哪儿来的呢？古人很聪明，他们发现只要高温加热一种叫雄黄的矿石，就能得到白色的砒霜。

如果你听过《白蛇传》的故事，肯定也听说过雄黄。许仙受到了法海的蛊惑，在端午节这一天骗白娘子喝下了雄黄酒，于是白娘子现出了蛇的原形，把许仙吓死了。

这雄黄是由砷元素和硫元素结合形成的。用火灼烧的时候，雄黄里面的硫元素会和氧元素结合，变成二氧化硫气体跑到空中，剩下的砷元素就和氧元素结合成砒霜了。

其实，雄黄本身就有毒，只是它的毒性没有砒霜那么大，人吃下去一点儿，还不至于有生命危险。但是比人小得多的动物，像一些昆虫，如果吃了雄黄可能就会死掉。古人居住的房子比较简陋，不像现在这样结构完整，一到夏天，让人讨厌的苍蝇、蚊子、蟑螂，甚至还有有毒的蝎子、蜘蛛、蜥蜴、蛇等，可能会钻进人居住的房子，那是多可怕的事啊！

于是，人们就用雄黄驱散这些动物，效果还不错。而且就算人不小心把雄黄吃下去了，也不会出什么事儿。渐渐地，每到夏天，也就是端午节的时候，用熏雄黄或涂抹雄黄去驱赶那些有害的小动物，就成了一些地方的风俗。

人们甚至还会把雄黄磨成粉，加到酒里面喝。《白蛇传》里饮雄黄酒的故事，就是这样来的。许仙是人，喝了雄黄酒当然没什么事儿；可白娘子是蛇，所以一碰到雄黄她的法力就消失了。

既然如此，为什么古代有人相信服下雄黄做的药物就可以让人成为神仙呢？

在唐朝，有一位叫孙思邈的神医，传说他活了142岁。这当然是不可能的事儿，但历史上的他的确很长寿，唐朝有好几位皇帝都曾接见过他，估算下来他去世的时候也该有百岁高龄了。

孙思邈留下了很多行医的记录，为传统医学做出了不可磨灭的贡献。后人为了纪念他，就称呼他为"药王"。同时，因为人们不知道他去世时确切的年龄，只知道他长寿，所以就以讹（é）传讹，说他最后变成神仙离开了人世。

可他是怎么"变成神仙"的呢？那说法就太多了，毕竟这些都是编造的，谁也没见到。其中有一种说法最为流行：孙思邈晚年在四川的青城山修炼；安史之乱时，唐玄宗逃难去四川，梦见药王孙思邈需要10斤雄黄，就派人送了去，后来孙思邈就得道成仙了。

这些封建迷信的故事我们当然不用当真，但是你想过没有：为什么故事中药王孙思邈修仙，别的药都不选，非要选雄黄呢？

原来，在孙思邈留下的药方里面，有很多都用到了雄黄。他对雄黄情有独钟，有一些药方里甚至还把雄黄烧成了砒霜。我猜测，人们可能是基于此编造了传说。

但问题是，孙思邈当然知道不管是雄黄还是砒霜，都是有毒的东西，他为什么还要用"毒药"给人治病呢？

之前，有人对孙思邈的这种药方提出过质疑，他们担心用有毒的东西治病，风险过高。

让人捉摸不透的古怪元素

可是，现代科学证明，虽然砷元素有毒，但它的确是一种非常有用的药物元素。2020 年，张亭栋和王振义两位医生获得了未来科学大奖生命科学奖，这是接近于获得诺贝尔奖的荣誉。他们之所以获奖，就是因为他们发现能够用砒霜治好白血病。他们在刚刚提出这个猜想的时候，也被很多人嘲笑，但是大家看到砒霜的治疗效果后，才明白砷元素居然还有这种本领。

渐渐地，人们发现古代的那些药方并不是全都没有科学依据。比如孙思邈曾记载，用雄黄或者砒霜能够治疗疟疾，这已经被证明是正确的。虽然这些含有砷元素的药物都是有毒的，但是在古代，服用这些药

物已经是最好的治疗方法了。只要控制好用药的剂量，病人不仅不会中毒身亡，还能把病治好。

你看，这个砷元素还真是让人捉摸不透呢!

其实，在元素周期表上，有很多元素都有这样奇怪的"脾气"，下一章要讲的溴元素也是这样。最后，我还要提前问一个小问题：为什么"溴"这个字会带有三点水呢?

砷的重要化学方程式

三氧化二砷是两性氧化物，既能与酸发生反应，又能与碱发生反应：

As$_2$O$_3$+6NaOH══2Na$_3$AsO$_3$+3H$_2$O

As$_2$O$_3$+6HCl══2AsCl$_3$+3H$_2$O

溴
xiù

35 号元素
第四周期第 VII A 族
相对原子质量：79.90
密度：3.119g/cm³（20℃）
熔点：–7.2 ℃

溴：为什么只有这个元素的名字有"三点水"？

唯一一个常温下是液体的非金属元素

如果你翻开一张中文的元素周期表，有一个元素你肯定很容易注意到，那就是这一章要讲的溴元素。其他元素的名字，要么是金字旁，代表它属于金属；要么是石字旁，代表它不属于金属，而且在常温、常压下是固态；要么是气字头，代表它在常温、常压下是气态。不过，偏偏有两个元素不符合这样的规律：一个是汞元素，也叫水银；还有一个就是溴元素。

水银你已经认识了，它是唯一一个常温下是液体的金属，需要冻到 –39℃才会凝固。溴元素也很有意思，它在常温下也是液体，但它不是金属。也就是说，溴是唯一一个常温下是液体的非金属元素。同时，又因为溴有一股让人闻着感到难受的气味，所以当初给这个元素起名的时候，就选用了左边三点水、右边一个"臭"的"溴"字。

单质沸点：58.8 ℃
元素类别：非金属、卤素
性质：常温下为有刺激性气味的红棕色液体
元素应用：阻燃剂、红药水、照相底片、净水剂
特点：常温常压下唯一呈液态的非金属元素，易挥发

Br
Bromine

听这名字就知道，溴可不是什么好惹的元素，和它的几个弟兄一样。你可能要问了：化学元素还有亲戚吗？

还真有！

溴元素有三个好兄弟，分别是氟元素、氯元素和碘元素。氟元素和氯元素我们都讲过了，碘元素在后面的章节也会讲到。如果你翻开元素周期表，你就能看到这四兄弟整整齐齐地排成一个竖列。

在元素周期表里，每一个竖列中的元素，化学性质都有相似之处。比如我们讲过的锂、钠、钾，这些金属都很活泼；还有碳和硅，它们都有潜力成为生命的骨架。

不过，在所有的竖列里，还要数氟、氯、溴、碘之间的变化规律最具特点，它们简直比亲兄弟还亲。

咱们先看看它们的状态。氟元素形成的氟气是气体；氯元素形成的氯气也是气体，但是氯气只要在高压状态下进行压缩就会变成液体，叫作

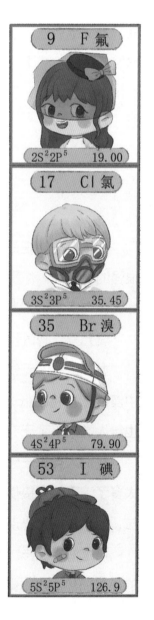

9	F 氟
$2S^2 2P^5$	19.00

17	Cl 氯
$3S^2 3P^5$	35.45

35	Br 溴
$4S^2 4P^5$	79.90

53	I 碘
$5S^2 5P^5$	126.9

液氯；现在你已经知道，溴是一种液体；至于最下面的碘，它的名字有石字旁，说明常温下它是固体。

它们 4 个的状态逐一递进，说明从氟到碘，熔点、沸点都越来越高了。而且，变化的可不是只有状态，就连颜色也在变。氟气是浅黄色的，氯气是黄绿色的，溴是红棕色的，至于碘，它看起来是黑色的。很明显，它们的颜色一个比一个深了。

"臭脾气" 的元素

除了这些外在的特点，它们 4 个还有着一模一样的"臭脾气"：都有很强的腐蚀性。你肯定还没有忘记，许多科学家为了寻找氟元素献出了生命，还有很多工人为了保护金门大桥不被氯元素破坏而天天给大桥刷漆。

溴元素"脾气"也不好，只是它不像氟和氯那么高调。

世界上的溴元素很少，而且绝大多数溴元素都分散在海水里面。海水中溴的浓度特别低，大约是氯元素浓度的 1/300。可就是这么一点点溴，也给人类带来了无穷的烦恼。

我们人类每一天都离不开水，但我们日常用的是淡水。海水里面的盐太多了，不能直接使用。于是，有些海岛国家的科学家们就萌生了一个想法，他们要把海水淡化，制成淡水。

可是海水怎样才能变成淡水呢？最简单有效的办法，就是利用太阳光的热量加热海水，把海水加热到沸腾，释放出水蒸气；再将水蒸气冷凝，

收集起来的就是淡水了。

这个办法虽然听起来简单，但操作过程中也有难点。在太阳能海水淡化设备里，有一个很重要的零件叫换热器，它必须用导热性特别好的金属打造才行。但由于海水有腐蚀性，这个金属材料的选取就成了海水淡化过程中最大的难点。在常用的金属里，钢铁在海水面前毫无招架之力，很容易就生锈了，直接淘汰。你可能又想到了不锈钢，但是不锈钢导热太慢，能量都损耗了，也不是很合适。

日本的科学家们选择了一种叫白铜的合金，它是由铜元素和镍元素结合形成的。这种合金不仅导热性好，而且也不怕氯元素的腐蚀。

可是，科学家们千算万算，还是漏算了溴元素。

原来，海水在加热之后，水变成水蒸气被收集起来，剩下的那些盐的浓度就会越来越高。久而久之，溴元素的浓度也越来越高，而溴元素对白铜的腐蚀比氯元素更厉害。结果，这种白铜换热器没有倒在氯元素面前，却被含量更少的溴元素给打败了。

于是，之后很多海水淡化的设备都只好用上更昂贵的钛合金了。

不是只会搞破坏

看起来，溴元素好像就是个只会搞破坏的元素。可是，就是它这个搞破坏的本领，竟帮了人类很多忙呢。

还记得飞艇是怎么退出历史舞台的吗？那是因为兴登堡号的严重事

故，让人们对飞艇失去了信心，大家开始乘坐更安全的飞机出行。

可是，你在坐飞机的时候肯定也发现了，机舱里的座椅、内壁、货架看着都像是可燃物。要是飞机失火了，结果又会怎么样呢？

飞机虽然不会像氢气飞艇那样，几十秒就彻底烧成支架，可是人们要想从燃烧的飞机里面逃生，也并不容易。可燃物燃烧的过程中会散发浓厚的毒烟，被困在机舱这种密闭环境中的乘客，眼睛睁不开，还会呼吸困难，根本没有办法逃生，最后很可能被活活熏死。

所以，英国的工程师就提出了一个想法：如果把制造飞机的材料改造一下，让它们燃烧的速度慢一些，不产生那么多烟，乘客不就能逃生了吗？

为此，他们还提到了一种离火自熄的材料。当人们把这种材料放在火上烧的时候，它会冒出一点儿火星，但把火源拿开以后，火星很快就熄灭了。

这可不是天方夜谭。在中国古代，很多人家里的房子和家具都是用

木头做成的。如果遇到失火，房子就会烧得什么都不剩。有些人就想了个办法：把木头在盐水里面泡上一段时间。这种泡过盐水的木头做成的家具，就没有那么容易燃烧起来了。只不过，古时候的盐很贵，

这个办法并不是谁都能用得起，也许住在海边的人可以用海水泡一泡。

那为什么泡过盐水的木头就不容易被点着了呢？这就要说到火焰里面有什么了。

火焰有很多种，我们平时看到的火，实际上是一团非常热的气体。这些气体的温度太高了，于是就发出了光。

在火焰这团气体里，产生了一种叫离子的东西。普通的原子、分子是不带电的，可要是它们带上了电，就变成了离子。如果带的是正电，那就叫正离子；如果带的是负电，那就叫负离子。

火焰里的离子数量其实不多，但正是这一小部分离子，维持了火焰的燃烧。你可以把火焰想象成一场热闹的舞会，离子就是舞会里最狂热的舞者，它们不断地跳舞，还不时地交换舞伴，把气氛烘托得很热烈，火焰也就猛烈地燃烧起来了。

要是有办法让这些活跃的离子停下脚步，火焰自然而然就会熄灭。那谁能让离子停下脚步呢？

人们首先想到了爱搞破坏的氯元素。泡了盐水的木头不容易燃烧，正是因为盐水里有很多氯离子，它能够和火焰里的离子结合，让离子冷静下来不再跳舞，火苗也就熄灭了。所以，如果我们把氯元素做成阻燃剂，添加进制造飞机的材料里，飞机也就没那么容易烧起来了。

讲到这儿，你肯定想到了，要论搞破坏的本事，溴元素可一点儿都不比氯元素差。科学家发现，要是用溴元素去制造阻燃剂，阻燃效果比氯元素还要好。而且，火灾里面最危险的不是火，而是火燃烧生成的毒烟。与含有氯的阻燃剂相比，含有溴的阻燃剂在火焰的加热下，产生的毒烟要少得多，所以更加安全。

51

　　就这样，用溴元素做出来的阻燃剂成了现在最好用的一种阻燃剂，不管是高楼还是飞机，都会用它来防火。

　　它也没有辜负人类的信任。

　　1983 年，加拿大航空一架飞机的洗手间起火了。机长非常冷静，花了 30 分钟的时间，终于让飞机成功地降落机场。可是，那时候含溴的阻燃剂还没有广泛应用，飞机里的火情无法控制，毒烟弥漫整个机舱。最后，飞机上的 41 名乘客中有 23 人不幸遇难。

　　时间来到 30 年后，2013 年 7 月 6 日，韩国韩亚航空也有一架飞机在降落的时候燃烧了起来，但是火势并没有蔓延，最后飞机上 307 人中，有 3 人遇难。虽然这还是很不幸的结果，可是与 30 年前相比已经有了很大的进步。我们可不要忘了，那些含有溴元素的阻燃剂立下了很大的功劳。

　　溴元素就是这样，它风风火火，虽然经常冒失地搞破坏，但它也是一个值得托付重任的元素。

下一章要讲的元素，虽然文雅多了，但和超人扯上了关系，它就是氪元素。超人的家乡氪星，真的有氪元素吗？我们下一章揭秘。

溴的重要化学方程式

溴在水中及碱溶液中容易歧化：

$$Br_2 + H_2O = HBrO + HBr$$

氪

kè

36 号元素
第四周期第 0 族
相对原子质量：83.80
密度：3.733g/L（0℃，1atm）
熔点：–157.37 ℃

氪：超人的家乡有"氪"吗？

能克制超人的元素

你喜欢 DC 漫画里的超人吗？他浑身肌肉，身穿蓝衣，披着红色的披风，胸口还印着一个大大的字母"S"，可帅气了。超人是最厉害的超级英雄之一，他在很小的时候，就能够轻松地举起一辆汽车。超人长大以后，更是拥有了不亚于孙悟空的超能力。他能推动山峰，跑得比光还快，甚至可以直接在星球之间穿行，连氧气都不需要。

平日里，超人就是一个不起眼的小记者，每天做着自己的本职工作；可是，只要看到别人遇到危险，他就会热心地去救援。要是遇到了坏人，他就用超能力把坏人通通打败。没有几个坏人能抵挡住超人的一拳。

讲到这儿，你有没有想过：超人这么厉害，他的超能力是从哪里来的？他有弱点吗？

要想找到这些问题的答案，就要请出这一章的主角——氪元素。

在故事里，超人来自一颗叫作"氪星"的星球。许多人都以为，氪只是一种科幻电影里才有的东西，但其实氪是宇宙里真实存在的一种

单质沸点： −153.42 ℃

元素类别： 稀有气体

性质： 常温下为无色、无味的气体

元素应用： 霓虹灯、激光器

特点： 非常稳定

Kr

Krypton

元素。

　　故事里说，氪星是一颗行星，那里曾经诞生了一个非常先进的种族，他们的科技比我们人类拥有的技术要发达千万倍。后来，氪星却不幸毁灭了。就在氪星毁灭之前，超人被他的父母送到了地球上。

　　氪星的重力加速度比地球要大得多。你可能看过人类登上月球的情形，宇航员只要轻轻一蹦，就比地球上最厉害的篮球运动员跳得还要高。超人来到地球上以后也是这样，他一步跳上 5 层楼，完全不费劲。

　　而且，故事里还有一个设定：氪星围绕着一颗"红色太阳"旋转，这颗"红色太阳"发出的红色的阳光蕴含的能量很低；而地球围绕旋转的太阳发出的光是黄色的，能量比红色阳光高多了。因此，这种高能的黄色阳光照到超人身上，让他拥有了超能力。

　　超人在地球上堪称无敌的存在，就算是原子弹也不能把他怎么样。所以，虽然大多数人把他当成神灵一样的英雄，对他无比崇拜，但也有少数人很害怕他。这些人担心：万一超人要干坏事，又有谁能够打败他呢？

　　其实超人也想到了这一点。他倒不是担心自己变坏，而是担心自己如果被坏人控制了，那可就大事不妙了。

　　于是，超人把一块来自氪星的石头，交给了另一位超级英雄——他的好朋友蝙蝠侠。这块石头又叫氪石，是超人的终极弱点。氪石可以抵消太阳带来的能量。超人要是接触了氪石，他的超能力就会减弱或者消失，超人就变得像一个普通人。

在故事中超人有一次还真的被坏人挟持了，他扭过头来就要找伙伴们的麻烦。于是，蝙蝠侠只好使出撒手锏——氪石。而且蝙蝠侠发明了很多高级的氪石武器，最后终于把超人打倒在地，解除了危机。

这种能压制超人的氪石里，真的含有氪元素吗？

我可以肯定地告诉你——绝对不含，这跟氪元素的化学性质有关。

地球上就有氪元素？

其实，在地球上就存在氪元素。在我们每天都呼吸的空气里，就有非常稀少的氪元素。但是长时间以来，人们根本就没有发现它。这既是由于氪元素太"狡猾"了，也是因为科学家们太粗心了。

在 200 多年前，英国有一位叫卡文迪许的大科学家。他在研究空气的时候提出：空气是一种成分很复杂的气体，除了氧气、氮气、二氧化碳、水蒸气等，还有一些气体，不属于任何一种当时已经知道的元素。

但是他的这个说法并没有引起其他科学家的注意。不仅如此，在之后 100 多年的时间里，一些科学家也得到了这样的实验结果，可他们都以为是自己的实验做得不够精确，就没有继续研究。

氪

后来，这个机会终于被人抓住了。他就是拉姆塞，我们在介绍氦元素那一章里讲过他。拉姆塞跟别人不同，他不认为是自己的实验出了错，而是坚信卡文迪许的说法：在空气里面一定还有别的元素。

拉姆塞想尽办法把空气里未知的成分一遍又一遍地提纯，终于找到了一种全新的元素。不只如此，他还搞清楚了科学家花了 100 年也没找到它的原因。

原来，这种元素"脾气"非常古怪，几乎不会和其他任何一种元素结合在一起。你想，如果在一群人里，有个人从来不参加集体活动，甚至都不和别人说话，你是不是会很容易把他忘了？拉姆塞觉得，这种元素也太懒惰了，干脆就叫它懒惰元素吧！这个名字翻译成中文就是氩元素。

要是拉姆塞只发现了氩这一种新元素，那他也不会如此声名远播。当时门捷列夫已经发表了元素周期表，拉姆塞心想：元素周期表里的元素，都有跟自己性质相似的好兄弟，比如钠、钾两兄弟，氟、氯、溴、碘四兄弟，等等。但是这个氩元素，怎么孤零零的一个兄弟都没有呢？

猛然间，拉姆塞又有了一个大胆的想法：这会不会是因为，和氩元素相似的那些元素，全都没有被发现，它们全都藏在空气里呢！

拉姆塞来不及再想，马上继续做实验。结果证明，他的想法完全正确：在空气里面，果然还有氩元素的三个亲戚，它们分别是氖元素、氪元素、氙元素。

拉姆塞给氪元素起的这个名字，意思是

Ar 新元素？

藏匿不见的元素，因为它实在太难找了。其实，空气里面最难找的是氦元素，拉姆塞已经很细心了，可当时还是没能发现它。后来，拉姆塞在一种矿石里面发现了氦元素。

氪星真的存在

漫画故事的作者给超人的故乡起名叫氪星，他的本意很可能是"隐匿的星球"，就像陶渊明笔下那个不会被人找到的世外桃源一样。后来大家都觉得，"氪星"这个名字还挺有意思的，也就都这么称呼了。

实际上，氪星上不太可能有太多氪元素，这是由宇宙运行的规律决定的。

任何一个像氪星或者地球这样的行星，都是核聚变产生的残骸形成的。我们在讲铁元素的时候，已经讲到了这个过程。在铁元素后面出现的那些元素，包括氪元素，是在超新星爆炸的时候出现的，所以它们的总量都不太多。

在地球上，氪元素是一种很少见的元素，在氪星上也不太可能会有很大的差别。

2012 年，受到 DC 漫画公司的邀请，天文学家真的在宇宙里找到了氪星。它位于乌鸦座，距离地球 27.1 光年，围绕着一颗比太阳小、温度也比太阳低的红矮星旋转。你看，它跟故事里的"氪星"真的很像吧！可是，天文学家并没有在那里发现氪元素。

你可能会说：宇宙是很复杂的，这里没有，说不定别的地方恰好有颗行星，里面真的就有很多氪元素呢。的确有这个可能。但就算是这样，那块让超人失去超能力的氪石，也肯定不会是氪元素做成的。

在地球上，氪元素是很难和其他元素结合在一起的。科学家们经过很多年的努力，才找到氪元素和氧元素、氟元素结合在一起的办法。但是它们生成的物质很不稳定，只要受到撞击或者受热，就会分解，释放出氪气。所以，想用氪元素做成坚硬稳固的石头，那是难上加难。

但是，这不代表氪元素就没什么用。实际上，氪元素和它的亲戚们氦、氖、氩、氙等元素，都不喜欢和其他元素结合在一起，所以它们都被叫作惰性气体。也正因为它们的惰性，反而让它们具有很多非常绝妙的用处，有些用处甚至是其他元素根本没有的。

当夜幕降临，在城市里你会看到很多彩色的荧光灯，它们被叫作霓虹灯。霓虹灯能发出各种色彩的光，就是因为添加了惰性气体，特别是氖。用它制作的灯发出来的光是红色的，特别好看。这种氖光灯也被用在测电笔里面。用测电笔去测试电路，只要红色的灯一亮，就说明有电。

氩气也被用来制作霓虹灯，但是它还有个更常见的用途，那就是作为一种保护气。因为氩元素很难和别的元素结合，所以把氩气充在食品包装袋里，食品就不容易变质了。

用氙气制作的灯发出的白光特别亮，所以有一些路灯的制作会用到氙气。

同样，氪气也能用来发光，有一些激光用的就是氪气，这种氪激光可以用来做手术。氪石虽然和氪元素没什么关系，但是用氪做成的激光，超人是不是也会害怕呢？这些故事，可能就要等着你去接着创作了。

下一章要说的元素，和超人没什么关系，但它自己就像一个超人，它就是钯元素。钯元素一口"仙气"吹下去，汽车排放的污染气体就会被分解掉。钯的故事，我们下一章再讲。

钯

bǎ

46 号元素
第五周期第 VIII 族

相对原子质量：106.4
密度：12.02g/cm³
熔点：1554.8℃

钯：能吃掉汽车尾气的神奇元素

拥有神力

这一章要讲的化学元素叫作钯元素。你可能会觉得，这个字还挺陌生的。但其实，你早就见过它了。

在《西游记》里，猪八戒用的武器是一把九齿钉耙（pá）。这个钉耙是一种用来平整田地的农具，所以"耙"字和农业有关。它的左边跟"耕耘"两个字一样是耒（lěi）字旁。

但是，吴承恩在写《西游记》的时候，用的是"九齿钉钯"，因为它是一件金属的兵器。其实，钯元素的"钯"字是个多音字，一方面它是一个元素，另一方面，它还是猪八戒的武器"九齿钉钯"里的"钯"。

你看，这么一说，钯元素是不是变得亲切起来了。而且，它还从"九齿钉钯"那里借来了一点儿神力。

什么神力呢？

在介绍氢元素那一章里我们讲过，氢气球是个危险的东西，里面

单质沸点：2963℃
元素类别：过渡金属
性质：常温下为银白色金属
元素应用：催化剂、珠宝、牙科材料
特点：质软，有良好的延展性和可塑性

Pd
Palladium

的氢气和氧气混在一起后，很容易发生爆炸。但是，一般情况下这两种气体发生爆炸还是需要一定条件的，需要有电火花或者小火星先把一点点氢气点着以后，火焰才会越来越大，直到爆炸。这个过程好比是放鞭炮，要有人先去点燃引线，鞭炮才会炸响。

那有没有什么办法让氢气和氧气直接发生爆炸呢？

钯元素就有这个本事。如果你把氢气和氧气装在同一个瓶子里，哪怕摆上一万年，瓶子里也还是风平浪静的。但是，只要往瓶子里放上一点点钯元素做成的金属钯粉，瓶子里面的氢气立刻就爆炸了。

钯元素这么厉害，因为它是催化能力极强的一种元素。

你可能要问了，什么叫催化呢？

催化是一个科学术语，你在生活中可能也听到过。如果一个事情的进展实在是太慢，给它加上一种催化剂，就会产生催化作用，让这个过程加速。同时，催化剂也可以让反应过程减速。催化可以加快或者减慢反应的速度。简单说，催化就是一种加速或者减速。

生活中催化的例子可就多了。比如，白衣服穿久了会有黄色的汗渍，特别难洗，就算用普通洗衣粉泡上几个小时，也无济于事。但是，如果你用的洗衣粉是加酶洗衣粉，只要泡一会儿，就能把汗渍洗掉。

加酶洗衣粉和普通洗衣粉相比，多了一种叫酶的东西。酶其实就是一种催化剂。有了酶这种催化剂，汗渍的分解速度会变得很快，有时能达到

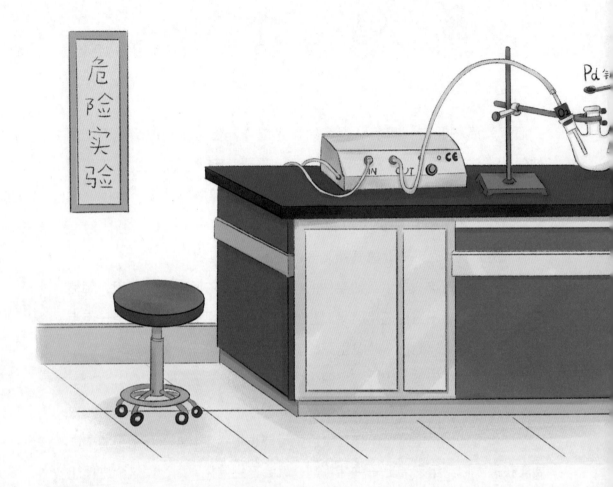

原来的上万倍，所以用了加酶洗衣粉，汗渍很快就被洗掉了。其实，我们人体消化系统也会分泌出各种各样的酶，帮助我们分解食物、吸收营养，这些酶也是催化剂。

实验中，氢气和氧气的情况也是一样。在金属钯的催化作用下，就算没有火苗，它们也能瞬间结合起来，像炸弹一样立刻就爆炸了。

钯元素立大功

这么说来，钯元素的催化能力虽然是很强，但怎么好像只会搞破坏呢？

你要是这样想，可就不对了。钯虽然不能像酶一样帮助我们消化食物，但它能催化的化学反应可是多得数不清，其中一些反应还非常重要。

所以在 2010 年，诺贝尔化学奖就颁发给了几位用钯元素做催化剂的科学家。

在钯催化的这些反应里，有一些还和我们的生命息息相关呢！

你或许听说过，伦敦被称作雾都之一。下雾是一种自然现象，空气里的水汽太多了，但还没凝结成雨滴，于是就成了雾。伦敦非常容易下雾，生活在这里的人早就见怪不怪了。

可是，1952 年的冬天，一场恐怖的大雾降临伦敦。一般的大雾，在太阳出来以后，总是会自行消散。可是伦敦的这一场大雾，接连下了 4 天。最严重的时候，可以说是伸手不见五指，站在马路边等车的人，根本看不到公共汽车开来了没有。而且，这场雾还有个特别的地方，就是味道特别呛。人们在雾里待得久了，就会感到头晕眼花，或者咳嗽个不停。

等到几天之后大雾消散了，人们才发现，这场大雾让伦敦损失惨重：有好几千人被这场雾夺去了生命。

毫无疑问，雾有毒。

其实，这已经不是人们第一次感受到伦敦大雾的可怕了。英国是世界上最早开始发展工业的地方，因为燃烧煤炭，所以伦敦和其周边地方的空气中经常充满了煤烟，每当下雾的时候，人就会感到不舒服。但就算是烧煤最多的时候，伦敦大雾也没有这么可怕，造成这场灾难的"元凶"肯定另有其人。

想来想去，人们怀疑到了汽车头上。在第二次世界大战结束以后，欧洲国家的经济开始恢复，英国也不例外。城市里的居民开始买得起汽车了，伦敦城区的车辆多了起来。

这些汽车燃烧的是汽油，在行驶的时候，一直都在向空气中排放尾

气。因此有人猜想，会不会是汽车的尾气有毒呢？

　　于是，科学家们着手研究这个问题。果然，他们发现在汽车尾气里面，有好多种有毒的成分。比如一氧化碳，这是煤气里的成分，人吸多了就会中毒；还有一氧化氮、二氧化硫等，这些也都很危险；还有一些没有燃烧干净的汽油成分，虽然对人体的毒害不大，但是会污染空气，在空气中转变为有毒的成分。

　　科学家们还发现，这些尾气会让人中毒，其实和是否下雾并没有直接关系。只是因为下雾的时候，有毒的尾气散发不出去，毒性才更强。要是一个城市里汽车排放的尾气很多，就算没有下雾，也一样很危险。

　　比如美国的洛杉矶，它就是一座不容易下雾的城市，大多是阳光明媚的天气。可是在以前的洛杉矶城里，人们经常会在晴天看到一种浅蓝色的气体，像幽灵一样飘荡在城市上方。每次这种现象出现以后，都有上千人得病。

　　后来，科学家们证实，这种浅蓝色的气体也是因为汽车尾气才出现的。尾气和空气结合在一起，在太阳光的照射之下，产生了很多有毒的东西，呈现浅蓝色。于是，人们就把这种浅蓝色的气体叫作光化学烟雾。

　　你看，不管环境是潮湿还是干燥，汽车尾气都会让人中毒。

　　为了消除汽车尾气的毒害，人们做了很多努力。有些城市把停车费提得特别高，不让汽车随便进城，但还是无济于事，形势仍然很严峻。

　　那可怎么办呢？有的科学家就想：能不能把汽车尾气在排放出来之前就先分解掉，去除毒性呢？如果把有毒的一氧化碳变成没有毒的二氧化碳，把有毒的一氧化氮变成没有毒的氮气，是不是就好了呢？

钯

可是，他们经过测试才发现，尾气虽然可以分解，但实在是分解得太慢了。汽车尾气排放个不停，旧的没去、新的又来，根本来不及分解就排出去了。

就在这时，科学家们想到了钯元素。它不是催化能力特别强吗？如果钯元素能把尾气分解的速度加快成千上万倍，那不就好了吗？于是，科学家们把金属钯放到了汽车排放尾气的管道里，没想到，汽车排放出来的尾气中有毒的气体真的变少了。

现在的汽车尾气管道里，就有这样一个装置。装置里面装的是由钯元

素和它的两个亲戚——铂元素和铑元素组合在一起做成的催化剂。这样比单用金属钯的效果更好。因为这个催化装置应用了三种元素，所以它就叫作三元催化器。

可不要小看这个装置，就是因为有了它，即便现在我们的城市里汽车数量比过去的伦敦、洛杉矶更多，具有那么大毒性的大雾或者光化学烟雾已经不会出现了。

你看，钯元素作为催化能力极强的元素，是不是很神奇？

钯元素除了做催化剂，还能做珠宝首饰，因为它和银元素一样，是一种贵金属。下一章，我们就来说说银元素。

钯的重要化学方程式

钯粉置于盐酸溶液中，边通入氧气边搅拌，钯粉溶解得到二氯化钯溶液：

$$2Pd+O_2+4HCl=2PdCl_2+2H_2O$$

银

yín

47 号元素
第五周期第 I B 族
相对原子质量：107.9
密度：10.5g/cm³
熔点：961.78℃

银：为什么明、清两朝的人出门要带银子？

为什么银子可以当钱用呢？

说起银元素，你肯定再熟悉不过了。我们在前面几章介绍很多元素的时候，都会说它们是"银白色的"。银元素当然也是银白色的，而且还是最纯正的银白色。因为对于人类肉眼来说，银的反光能力比其他任何金属都厉害。

这种白花花、闪亮亮的金属，让我们立马想到钱。毕竟，银行就是管钱的地方。第一所银行出现的时候，银子还是当时流通的货币，就和现在的纸币一样，所以就有了银行的叫法。

在一些古装电视剧里，经常会出现这样的画面：一个大汉来到酒馆，掏出一锭银子啪地往桌上一摔，找店小二要酒喝。而且大汉还会非常大方地表明，剩下的钱不用找了，十分豪爽。但是，这种场面在古代其实是很少见的，只有在明朝和清朝的时候，才有可能出现，那个时候的人们出门

单质沸点：2162℃
元素类别：过渡金属
性质：常温下为亮白色金属
元素应用：货币、珠宝、餐具、镜子、药物、电路
特点：稳定，导热、导电性能好，质软，
富有延展性，反光率极高

Ag
Silver

确实喜欢带银子。

为什么明、清时期的人们要用银子作为流通货币呢？

那是因为银属于贵金属，也就是昂贵的金属。贵金属总共有 8 种，除了银子，还有黄金、白金，以及上一章说到的钯元素，等等。

如果你家里买过银手镯，那你肯定知道，银手镯是按克卖的，一克银子最便宜时也要好几块钱。我们平时买菜、买肉的时候，都是按斤买。一斤猪肉最贵的时候是 30 多块钱。一斤就是 500 克，所以一斤银子就是好几千块钱，是一斤猪肉价格的上百倍。这还是猪肉价格在最高点时候的情况。

而且，如今冶炼技术提高了，银子的产量变大了，所以银才变得相

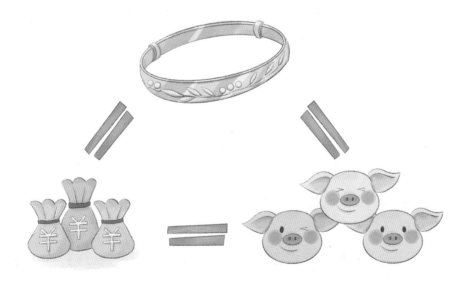

对便宜。在清朝的时候，银子的价值更高，十两的银锭（不到现在的一斤）就相当于现在的 10000 块钱左右。在小酒馆里吃饭，这个钱就是天价了。所以，那些大汉掏出十两的银锭，还说不要找钱了，那可真的是非常豪爽。

因为银子非常贵重，古人出门的时候只要带上一点点，就可以用很长时间。那个时候也有铜钱，可是铜钱的价值太低了。要是出趟门，原本只要带一斤白银，换成铜钱就有几十斤重了，很不方便。

你可能会问：银子不是没有黄金贵吗，为什么他们出门不带黄金呢？

没错，明、清的时候，黄金的价格是白银的十几倍，带黄金的确更省力。但是，黄金用起来太不方便了。银子除了银锭，还被切成一角一角的碎银子。我们现在所说的一角钱，就是从这里演变来的。这些碎银子，一颗大约相当于十几块钱，用起来比较方便。可是，黄金就算切成一角一角的，一颗就相当于好几百块钱。想想看，要是我们身上只有百元大钞，没有零钱，买东西是不是特别不方便？

所以，不管是比银子更便宜的金属还是更贵的金属，都不如银子用起来方便，所以最后大家都喜欢用银子了。

既然银子这么好，怎么不早点儿用？

那么还有个问题：既然银子这么好，为什么到明、清的时候才用它呢？

这是因为，在那以前中国没有银子可用。在明、清以前，我国和外

国的贸易还没有那么多，只能靠开采银矿获得银子。可是，中国的银矿很少，在唐朝时期，每年收到国库的银子一般只有几千两，如果达到上万两已经是很不容易的了。这些白银做成银锭的话差不多也就和一只手提箱的大小一样。就这么一点点银子，肯定不能用来作为流通的货币，皇宫里还要用它去打造首饰呢，所以当时就只能用铜钱。

后来，中国和外国之间做的买卖多了起来。因为各个国家的流通货币不统一，而银子是全世界都比较稀少的东西，所以就约定使用银子作为货币。中国的很多物产，像丝绸、瓷器和茶叶，都很受外国人的欢迎。于是外国人就拿银子来买这些东西，中国的银子就越来越多了。那时候，南美洲和日本发现了大量银矿，从这些银矿里开采出来的银子，有很多都流入了中国。所以，明、清时期的人们，终于能把银子当钱使用了。

讲到这儿，我还要提醒你：银子虽然是财富的象征，但我们不能只把它当作钱。

银子还有大用处

如果家里有银器，你应该会发现，银子不像金子，而是和铜、铁一样，也是会被腐蚀的。银子被腐蚀以后就变黑了，特别是做成首饰戴在身上，银子就更容易发黑。这是因为，银元素特别容易和硫元素结合在一起，产生一种叫硫化银的东西，硫化银就是黑色的。

空气中，有时候会飘浮着含硫的物质。这些物质要是落在银器上，就会让银器被腐蚀。而我们的身体会出汗，汗液里面含有氨基酸。有的氨基酸里面也有硫元素，所以银首饰戴久了、放久了，就会发黑。

古代人不知道为什么银子会变黑，他们还以为银子变黑是因为它吸收了身体里的毒气，所以古人认为银子戴在身上可以辟邪。甚至，古人还会用银子来验毒。这个办法听起来有些迷信，但它还真的有点儿用，银子在古代的确可以用来检验是否有砒霜。

还记得古代的砒霜是怎么做出来的吗？没错，是在空气中灼烧雄黄产生的。雄黄是砷元素和硫元素结合形成的一种物质，灼烧的时候，硫元素会和氧元素结合，变成二氧化硫气体飞走。

但是，那个时候的技术不是很先进，总会有一些硫元素残留在砒霜里面。所以，古代的法医要是怀疑一个人是由于砒霜中毒去世的，就会把银针放在尸体喉咙的位置，然后压住尸体的肚子，把肚子里的气体挤到喉咙

处。如果银针变黑了，就说明这个人可能是中了砒霜的毒。

所以你看，古人就这么歪打正着，发现了银子验毒的本领。

不仅如此，就连古人说银子对身体好，也不全是迷信。人们佩戴银首饰，的确可以少生病。

因为银元素会形成一种叫银离子的小颗粒，附着在银子的表面。这种银离子非常厉害，它能够钻进细菌的细胞里，和里面的蛋白质结合，这样细菌就没有办法再繁殖了，最后就被消灭了。细菌死掉以后，银离子又会跑出来，去消灭其他细菌。

所以，人们佩戴银首饰可以杀灭皮肤表面的一些细菌，就不容易患上像皮炎之类的疾病了。虽然现在我们已经有很多消毒的工具，但是用银子灭菌的办法还是很常用的。你的爸爸、妈妈或许去打过耳洞，那他们肯定知道，刚刚打完耳洞，耳洞很容易重新长起来。这时候，就需要在耳洞里戴上耳钉。这个耳钉选用别的材料都不好，只有银耳钉最合适。因为耳洞虽然小，但毕竟也是伤口，很容易被细菌感染。银耳钉能够杀菌，扎在里面伤口就不容易感染了。

古人虽然不知道这些原理，但是发现戴了银首饰之后不容易生病，就以为银子能辟邪了。所以，银子虽然容易变黑，但人们还是很喜欢它。

生活中被忽视的银元素

在生活中，银元素还有很多用处，有一些我们都不太容易注意到。

比如，你肯定经常照镜子，那镜子是怎样做成的呢？镜子的制作原理很简单，就是在玻璃的背面涂上一层可以反光的膜。这层膜的反光效果越好，做成的镜子照起来就越清楚。以前，人们用水银溶解了其他一些金属以后，直接涂在玻璃背后，做成镜子。可是水银有毒，反光效果也比不上银。

后来，一些化学家有了新发现。他们把葡萄糖和含有银离子的溶液放在一个玻璃瓶子里，银离子就会变回银子，并且附着在玻璃瓶子上。这样一来，银子就非常均匀地涂在了玻璃瓶内部，比用水银涂的膜还要平整，从外面看，就成了镜子。所以，这个反应也被叫作银镜反应。直到现在，很多镜子都还是这样制造出来的。

你看，银子可不是只能当钱用，它的用处可大着呢！

下一本书的第一章，我们要说的元素可就不像银元素这样友好了，它叫作镉元素。谁要是吃多了镉元素，就会全身疼痛，一直大声喊"痛啊，痛啊，痛啊"。这是怎么回事儿呢？我们一起到下一本书中去看看吧！

银的重要化学方程式

银能溶于硝酸，生成硝酸银：

$$3Ag+4HNO_3 = 3AgNO_3 + 2H_2O + NO\uparrow$$

$$Ag+2HNO_3(浓) = AgNO_3 + H_2O + NO_2\uparrow$$